低 GI

Happy Sweets

素食料理專家

早乙女 修 & 蘇富家 【甜蜜製作】

烘焙易點心

人文的 · 健康的 · DIY的

腳丫文化

低GI 點心，健康又美味！

　　大約十多年前，當我還在大學唸書時，好友邀我去吃素食大餐，當我到達餐廳時，發現餐廳內擺滿了色、香、味俱全的素食料理，最令我心動的就是美味又可口的素食點心──其中包含了西式糕點、日式的和果子，還有冰冰涼涼的果凍及冰淇淋，充分滿足了我這張挑剔的嘴巴，不敢相信素食也能做得如此美味，經同學的介紹，才知道原來這些好吃的東西就是這家餐廳的主人──早乙女　修及蘇富家老師製作的，從此「塘塘廚坊」這家餐廳就變成了我們大學同學常常聚會的地方，當然最重要的原因是我們都無法拒絕美味又可口的素食點心的誘惑。

　　十多年後的今天，我已在大專院校任教，每次學校舉辦有機飲食推廣活動時，我們都會盡量邀請早乙女　修及蘇富家老師到我們學校親自示範教學，把健康又好吃的料理做法傳授給大家，學員們總是興致盎然，經常問到是否能買得到早乙女　　修及蘇富家老師出的食譜，這樣就可以在家享受烹飪的樂趣。

　　等待是值得的，在大家殷切的期盼下，早乙女　修及蘇富家老師出的新書《低GI烘培易點心》終於出爐了，本書包含了49道做法簡單的美味小點，完全符合現代人吃得健康又不失美味的原則。或許您會問：「什麼是低GI？」其實GI（Glycemic Index）即為「升血糖指數」，GI值小於60者，一般又稱為低GI食物。通常在食用低GI食物之後，血糖不易快速上升，因而不會造成胰島素的大量分泌，體脂肪也就較不容易產生，非常適合慢性病患者及正在控制體重的人。

　　不過，仍要提醒讀者，在攝取食物時，仍需考量食物的分量及熱量，堅守適時、適量的原則，才能算是善加利用低GI的食物，也才能真正達到瘦身又健康的雙重效果。

　　誠摯的推薦這本食譜，有空的時候就動手做做小點心，與家人及好友共同享受快樂時光。

台北醫學大學藥學研究所食品化學組博士
耕莘護理專科學校營養學助理教授

賴明宏

找到幸福與美味的好拍檔

　　在我們家，男主人愛咖啡，女主人愛茶，所以濃濃的咖啡香總在清晨的時刻迴盪於空氣中，迎接著幸福的一天，而一杯淡雅婉約的清茶也使得精神為之抖擻，細胞充滿活力。

　　在每天的咖啡和茶香味裡，讓我們不由自主的去搜尋它們之間最麻吉的拍檔，隨時品嚐，不停的實驗，最後我們發現好的拍檔，除了口味要麻吉之外，健康和身材更要麻吉，才能盡情享受，無憂無慮，所以在《低GI烘焙易點心》這本書當中，我們花了一些巧思，盡量讓魚與熊掌得以兼顧。

　　特地選用低GI的食材，以降低人體胰島素分泌，不僅可以減少熱量的產生及脂肪的形成。吃低GI值營養均衡的食物，使食物的熱量，緩慢持續地被身體吸收，不會對健康造成負擔，而且也不用擔心會變胖。

　　美味的食物最能使人立即感動，這是一本適合全家DIY的創意果子書，不管是要聚會聊天的點心，餽贈親友的伴手禮物或郊遊、爬山、看電影的零嘴，還是培養親密關係的親子活動，都可以在本書中找得到，現在就開始動動手做，馬上就可以成為超人氣王喔！

　　最甜蜜的祝福

　　獻給有緣的朋友們

早乙女 修 & 蘇富家

Contents 烘焙易點心

《目次》

Part Ⅰ 準備做點心囉！

Part Ⅱ 小孩「瘋」

了解GI值

1、何謂GI值

所謂GI值，即Glycemic Index的簡稱，就是「升糖（葡萄糖）指數」，即食物在體內轉換成「糖」的能力。

高GI值的食物（升糖能力高），加速血糖上升，導致胰島素分泌，成為促進脂肪形成的元兇。所以選擇低GI食物，可降低人體胰島素分泌、減少熱量產生及脂肪形成。

2、常見食物的GI值

下表為本書常用材料的GI值，GI值小於60者，為低GI食物。

常見食材GI值表

類別	食品名	GI值	食品名	GI值	食品名	GI值	食品名	GI值
米飯雜糧類	白米	84	燕麥	55	白米＋糙米	65	白米稀飯	57
	胚芽米	70	麻糬	85	糙米	56	麥片	65
	米粉	88	糙米稀飯	47	糯米	85	黑麥	50
麵食類	烏龍麵	80	全穀類麵類	64	蕎麥麵	59	義大利麵	65
	速食麵	67	全麥麵	50	麵線	68	中華麵	61
	通心粉	71						
麵包類	法國麵包	93	培果	75	全穀麥麵包	71	吐司	91
	牛角麵包	68	高纖全麥麵包	71	燕麥麩皮麵包	71	黑麥酵母麵包	78
粉類	麵包粉	70	低筋麵粉	60	全麥麵粉	45	太白粉	65
蔬菜類	葉菜類	極低	韭菜	52	竹筍	26	紅蘿蔔	80
	玉米	70	青椒	26	南瓜	65	洋蔥	30
	蘆筍	25	白蘿蔔	26	蕃茄	30	茼蒿	25
	高麗菜	26	四季豆	26	茄子	25	花椰菜	25
	苦瓜	24	小黃瓜	23	冬瓜	24	金菇	29
	冬菇	28	黑木耳	26	牛蒡	45		

根莖類	芋頭 蒟蒻	64 24	馬鈴薯 地瓜	90 77	山藥	75	甘藷	55
豆類製類	豆腐 花生	42 22	炸豆腐 豌豆	46 45	毛豆 腰果	30 29		
魚、肉類	豬肉 雞肉 蛤蜊 牡蠣	45 45 40 45	香腸 羊肉 鮪魚 喜相逢	45 45 40 40	臘腸 牛肉 蝦子 干貝	48 46 40 42	培根 火腿 花枝	49 46 40
水果類	哈蜜瓜 蘋果 木瓜 葡萄 梨子	41 36 30 66 53	桃子 奇異果 鳳梨 西瓜	41 35 65 103	櫻桃 檸檬 香蕉 李子	37 34 55 55	紅柿 柳橙 芒果 綜合水果丁罐頭	37 31 49 79
糖類	乳糖 麥牙糖	65 150	蜂蜜	83	蔗糖	92	葡萄糖	137
奶、蛋類	加糖煉乳 低脂鮮奶	82 26	鮮奶油 脫脂鮮奶	39 25	奶油起士 奶油	33 30	全脂鮮奶 原味優格	30 25
點心	玉米片 鬆餅 馬鈴薯脆片 布丁	105 109 77 52	綜合穀片 米果 巧克力 果凍	107 110 91 46	一般餅乾 米糕 蛋糕 紅豆沙	107 114 82 80	甜甜圈 炸薯條 冰淇淋	108 114 65
飲料	優酪乳（低脂） 養樂多 葡萄柚汁	20 64 69	優格（原味無糖） 芬達飲料 橘子汁	21 97 74	豆漿 蘋果汁	43 58	優酪乳 （低脂＋水果味） 鳳梨汁	47 66

Part I

準備做點心囉！

哇！開始烘焙點心，

心裡是七上八下，

別怕！只要有一些現成的基本器材、材料，

就能大展身手，展現好廚藝。

低

Happy Sweets

Happy Sweets

準備器具

本書選用器具，遵循經濟、環保、替代性高的原則：

一般對製作點心的初步想法，總以為得準備一大堆不常見也不常用的器具，而且又麻煩，因此總是沒有勇氣DIY。

本書讓您打破這種刻板印象，教您如何盡量運用家裡現有的鍋具、杯盤來替代「專業用具」，不僅環保、也節省不少開支。

以下簡介本書使用器具及其功用、替代用品：

◎烤箱
用途：烘烤糕餅、菜餚，亦可加熱食物。
種類：有瓦斯烤箱和電烤箱。台灣家用烤箱以電力為烤箱能源。

◎烤盤
用途：可供食品烘烤後直接上桌的盛盤，或供其它烤盤烘烤的底盤。
種類：有一般烤盤和不沾烤盤，後者不須塗太多的油，且較前者易取出食物。

◎圓形模型
◎花式模型
◎長方形模型
用途：可供製作慕斯、果凍、羊羹類，有各式大小不一的規格及材質。
替代：便當盒、大小磁碗皆可。

◎拌麵盆
用途：可供攪拌或混合材料用。
替代：大碗、湯鍋。

◎ 擀麵棍

用途：可供擀麵皮、麵包、餅乾等材料，以控制材料厚薄的工具。

替代：酒瓶或木棍（約直徑3cm、長40cm較順手）。

◎ 手動打蛋器

◎ 電動打蛋器

用途：皆可供攪拌如鮮奶油、蛋汁或蛋白、粉狀類混合等器具。前者用於不須攪拌時。後者用於需攪拌久一點的材料上，像奶油起司等。

替代：筷子、湯杓等。

◎ 磅秤

用途：計算材料分量用；常製作點心者可準備2個。1個是100公克為單位（少量時，精確度較高），1個是500公克為單位（或1000公克）。

◎ 量杯

用途：可供計算液狀材料分量用。1杯＝200c.c.

替代：嬰兒奶瓶或量米杯。

◎ 量匙

用途：可供計算材料分量用。
1大匙＝15c.c.可用一般喝湯的瓷湯匙代替（1 TABLE SPOON）；
1小匙＝5c.c.（1 TEA SPOON）。

◎ 平底鍋

◎ 鍋鏟

用途：可供煎炒食物之器具。

Happy Sweets

◎西點用刀

用途：刮平鮮奶油或果醬用。

◎鋸齒刀

用途：可供作切割麵包、蛋糕、餅乾類材料，不致壓扁或碎掉。

◎橡皮刮刀

用途：可供攪拌材料或刮淨沾黏盆中邊緣的材料。

◎麵糰切割刀

用途：可供切割饅頭、麵包用之麵糰。

替代：菜刀。

◎冰淇淋挖球器

用途：可供挖取冰淇淋、雪泥等冰品。

替代：鍋鐵製的圓形量匙或圓形湯匙。

◎濾篩

用途：可供材料過篩。如麵粉、糖、泡打粉等，以篩除裡面有塊狀或雜質物，或濾除水分、湯汁等。亦可用於馬鈴薯、南瓜等刮成泥狀。

替代：濾網。

◎毛刷

用途：可供材料上刷油或糖水、糖漿、果膠等，用畢應立即洗淨晾乾、壽命才能長久。

◎削皮刀

用途：可供各種瓜、果、蔬菜削皮用；亦可刨成薄片。

◎保鮮膜

用途：可供墊於模型底盤上方便取用或保存食物用。但不適用於烘烤製作。

◎各式造型模型和小模型

用途：可供製作餅乾時壓模用；或可作果凍、慕斯類造型。

替代：養樂多罐子、優格杯、布丁杯等。但不適用於烘烤製作。

ppy Sweets

準備材料

本書選用材料，遵循以下原則：

一、高纖、低油、低糖：

　　盡量選用全麥麵粉、新鮮蔬果等高纖材料；糖分儘可能減量，以微甜口感呈現。少用精緻糖，優先選用紅糖、黃砂糖次之，為顧及糖尿病患者及為控制體重著想，則請遵照營養師指示，改以「代糖」替換，這是一種沒有熱量的甜味劑，適用於各類甜點，同樣可滿足口慾及兼顧健康。代糖可在超市、藥局或醫院福利社購得。

二、全素、無蛋、無酒、色香味俱全：

　　這是一本全素的老師獻給吃全素和注重生活情趣、愛健康的朋友們的「全方位」素點。當然，我們絕對樂於與您分享，而且保證您會不知不覺愛上這些妙點子。以下詳述本書基本材料：

◎豆沙類

1　無皮紅豆沙

口感較細較綿密，除羊羹外，可依個人喜好與帶皮紅豆沙交替使用。

2 帶皮紅豆沙

在甜點中都可與無皮紅豆沙交替。稍帶有嚼勁的口感。

3 白豆沙

一般都做為甜點的餡料，可加入其他顏色的材料來做變化。例如：加抹茶粉即成綠色、加鬱金香粉即成黃色等。

4 蜜紅豆

水分較少、紅豆顆粒飽滿，易表達紅豆的食相。

◎香料類

1 肉桂粉（玉桂粉）

肉桂皮所研磨而成，用於糕餅、甜點、咖啡及菜餚烹調。

2 荳蔻粉

用於製作糕餅、布丁及食物的烹調。

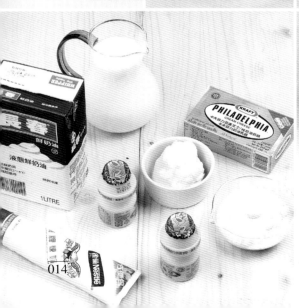

3 咖哩粉

最廣的用途為以各種蔬菜煮成的咖哩，運用於糕餅有絕佳的口感。

4 香草粉

用於製作糕餅類，能增加誘人的香氣，使人垂涎欲滴。

5 白胡椒

用於各種料理的煎、煮、炒、炸等。

6 粗黑胡椒

香味較濃，用於各種料理的調味上。

7 小茴香

有怡人的香味，用於馬鈴薯及各種菜餚的調味上。

8 杏仁露

用於冰涼飲品或糕餅當中，香氣較濃烈，使用時少量即可。

9 匈牙利椒粉

有淡淡的香氣而沒有辣味。用於調色裝飾、調味於各種菜餚，或灑在馬鈴薯片、薄餅上等。

◎發泡劑

1 泡打粉

是一種快速發泡劑。用在糕點、餅乾上，不會有苦味，呈無色狀。

2 酵母粉

做麵包和饅頭時的發酵劑。購買和使用時必須注意時效期。避免使用過期貨、開封後應冷藏。

3 蘇打粉

強鹼性的發泡劑，加在食品上可增強顏色的濃度。在使用的分量上要小心控制，用太多會有苦味。

◎凝固材料

1 糯米粉

糯米泡水研磨，再脫水乾燥而成。可供製作湯圓、麻糬、煎餅及勾芡。

2 玉米粉

做甜點、菜餚，在凝固及勾芡上通常可以和太白粉交替使用。

3 在來米粉

用途與糯米粉雷同。

4 地瓜粉

用途與玉米粉、太白粉等類似，但是勾芡時較不會呈出水狀。

5 吉利T

植物性凝膠，素食者可食用，本身無色，呈透明狀，易於變化和發揮。另有吉利丁為動性物凝膠。

6 洋菜粉

以海草所提煉製成。屬高纖維、低熱量的材料。用在果凍或茶凍時口感較脆（吉利T較Q）。

◎奶類製品

1 煉奶

牛奶加糖濃縮製成。用於沖泡咖啡、淋在水果或冰品上、塗麵包等。

2 優酪乳

以乳酸菌所製成，乃目前全世界風行的健康食品。用在糕餅、飲料或菜餚上都十分可口和方便。

3 起司粉

以義大利硬起司所磨成的粉狀起司，用於義大利麵、焗蔬菜、煮濃湯、烤餅乾或灑在披薩及生菜沙拉上等。

4 鮮奶油

以鮮奶所分離出來的脂肪。用於糕餅類的鮮奶油含40～50%的脂肪，無糖分。加在咖啡中的鮮奶球則脂肪含量較

低（約一半左右）。植物性鮮奶油則有加糖、有甜度。

5 奶油

以鮮奶所分離出來的脂肪製成。一般奶油均有加鹽。用於塗麵包、餅乾烘烤或料理上。

6 無鹽奶油

以鮮奶所分離出的脂肪製成，方便自行調味。

◎堅果類

1 葵瓜子

含豐富的維他命B、E等。是向日葵花的中間種子，用於製作各種點心、菜餚、沙拉等。

2 去皮花生

用於製作花生湯或其他糕點。不過因已去掉胚芽，所以營養比未去皮者稍差。

3 芝麻

含豐富的維他命、礦物質、鐵質及優質脂肪，營養價值高又美味。用於烤糕餅、灑在飯上、生菜沙拉上。

4 葡萄乾

以成熟的葡萄所乾燥而成，含豐富鐵質，用於生菜沙拉、糕餅或菜餚上。

5 南瓜籽

富含鐵、鎂、鋅等。生食養分較完整；烤過之後，口感更佳。適合與麵包、饅頭、糕餅或與生菜沙拉一起食用。

6 核桃

含豐富的維生素E、蛋白質、礦物質等。用於糕餅、菜餚、生菜沙拉或打成醬料等。

簡單・自然・喜悅

這個世界上，比較困難和複雜的事情，
也許有很多人可以教導你，
然而，如何更簡單的過生活卻是更迫切需要的指引……
讓生活因飲食的淨化而更形喜悅，
因回歸自然而更形豐富，因平等的仁愛而光明和諧！

早乙女 修 ＆ 蘇富家

Part II 小孩「瘋」

小孩子的嘴巴總是很挑剔的，
沒關係，媽媽像個萬能魔法家，
三色甜飯糰、鮮奶鬆餅、茶巾絞、紅豆水羊羹⋯
保證小朋友一口接著一口，吃得碗底朝天。

低
GI

Happy Sweets

三色甜飯糰

器具：炊飯鍋　保鮮膜　小碗2個

材料：圓糯米1杯半　水2杯
　　　胚芽米1/2杯　黑芝麻粉3大匙
　　　黃豆粉3大匙　帶皮紅豆沙適量
　　　鹽少許　紅糖2大匙

做法 procedures

1　先將胚芽米和糯米洗淨加水兩杯泡水2小時，加鹽少許，放入炊飯如平常煮飯一樣炊熟備用。

2　用2個小碗分別盛入黑芝麻粉、黃豆粉，兩碗中均加少許鹽和一大匙紅糖，並充分混合。

3　趁熱將飯捏成每個約35公克的橢圓形飯糰（圖A）（手要抹點水才不會沾黏），約可做成21個。

4　將捏好的飯糰分成3分，每分7個。此時亦將紅豆沙均分成21個，每7個為1分。

5　其中1分紅豆沙壓成薄皮狀，並將飯糰包在裏面（圖B）；另外2分飯糰用手壓飯薄為皮填入紅豆沙，包成橢圓形飯糰（圖C）。最後1分沾勻黑芝麻粉，1分沾勻黃豆粉，將3分飯糰排入盤中即成三色甜飯糰。

貼心小叮嚀】

提升米食文化的水準，日本人堪稱首屈一指，每吃一次早乙女老師做的和果子，就對他更加崇拜，這種感覺只有吃過了才能體會。把做好的飯糰裝在飯盒裡，即可帶出當做郊遊、遠足、看電影的點心。有創意，又可減少吃太多垃圾食物的機會。

香蕉春捲

器具：瓦斯爐　鍋子　中型碗

材料：香蕉（直的）2條　春捲皮8片

　　　無油紅豆沙200公克

　　　冷開水2小匙　麵粉少許

　　　葡萄籽油適量　肉桂粉少許

做法 procedures

1 香蕉去皮切成直的4條備用。
紅豆沙和冷開水置於碗中調勻。

2 春捲皮置於工作檯上攤開，
先塗一層橫條豆沙，再放上香蕉，並像包春捲般捲好（圖A），最後以麵粉調水成糊狀塗在封口上（圖B），入油鍋炸成金黃色即可。

3 起鍋瀝乾油後灑上肉桂粉，
斜切成兩段即可食用。

【貼心小叮嚀】

　　這是外皮酥脆內餡香軟的炸香蕉，灑一層薄薄的肉桂粉會讓人不知不覺的一口接一口，停不下來呢！香蕉含有多種維他命和礦物質，不但營養豐富、還可以養顏美容，雖然是油炸物，偶爾讓自己滿足一下，生活更有意思！

鮮奶鬆餅

器具 :	圓形模型　烤盤　烤箱
	大碗　擀麵棍

材料 :	高筋麵粉100公克
	全麥麵粉120公克
	鮮奶150c.c.　糖2大匙
	葡萄乾80公克　泡打粉1大匙
	鹽少許　葡萄籽油80公克

做法　procedures

1　高筋麵粉、全麥麵粉、糖、泡打粉、鹽全部放入大碗中充分混合。

2　油放入1料中並搓揉至均勻，再放入冰箱冰約30分鐘左右取出，最後加入冰鮮奶和葡萄乾揉勻。

3　將拌勻的2料倒至已灑上麵粉的工作檯上，擀成約1.5公分厚度，再用模型壓出一塊形狀（圖A），排放至烤盤上，同時塗上鮮奶（圖B）並放進已預熱190度之烤箱烤約23分鐘即可取出。

【貼心小叮嚀】

此材料所標示的分量約可做成10個，每個大小約直徑5公分。先以本分量做做看，如果做得很好，下次可一次多做一些放在冰箱裏，要吃的時候再拿出來烤一下，當作早餐或是下午茶點心都是很棒的。如果家裏沒有模型的話，可用杯子或小的實特瓶切開當做模型來使用，也會有相同的效果。

Part II

小孩「瘋」

烤蘋果

器具：烤箱　烤盤

　　　挖籽器（可用挖球器替代）

　　　大碗　筷子　叉子

材料：小型蘋果4個

調味料：黑糖40公克　奶油4大匙

　　　　肉桂粉1/2小匙

　　　　新鮮藍莓20個

做法 procedures

1 以挖籽器從蘋果有梗枝的地方向下將籽挖除，挖到下面約2/3的部分即可（不要挖到底）（圖**A**）。

2 取大碗將調味料和藍莓各5個全部放入，並以筷子攪拌均勻後分成4等分，再分別塞進各個蘋果內，接著用叉子將每個蘋果由表至裡全部插洞（圖**B**）（以防烤時爆裂），最後將蘋果排放烤盤上進箱以190度烤約40分鐘即可。

【貼心小叮嚀】

　　蘋果最好選購有機蘋果，並要避免已上臘，才能確保健康。這是餐後甜點，也可當作下午茶的茶點，香醇濃郁的魅力，讓人無法抗拒。

茶巾絞

器具：保鮮膜

材料：白山藥　紫山藥

　　　地瓜各250g　糖3大匙　鹽少許

做法 procedures

1 山藥和地瓜削皮後切片，蒸熟各分開搗成泥（圖A），再各加1大匙糖和少許鹽拌勻後，各分成8等分備用。

2 準備約15公分四方型保鮮膜12片。

3 取一等分紫山藥和一等分白山藥放入保鮮膜內包起來在扭緊成1個圓球狀後，將保鮮膜打開即成1顆紫配白的山藥球，其他依此類推（圖B）。

例如：紫山藥配白山藥4顆。

紫山藥配地瓜4顆。

白山藥配地瓜4顆。

【貼心小叮嚀】

　　三種根莖葉作成的彩色球，柔柔綿綿口味清爽，對年長和年幼、不適合重口味的朋友們，是一道最好不過的點心。蒸熟的山藥或地瓜如果水分太多的話可用乾鍋炒過讓水分蒸發但是不要炒太乾免得包不成型。

紅瓦屋

器具：圓形模型　小鍋子　瓦斯爐

打蛋器　大碗

材料：鮮奶200c.c.

養樂多2罐（200c.c.）

洋菜粉4公克　鮮奶油100c.c.

糖少許　消化餅乾100公克

葡萄汁150c.c. 吉利T3公克

做法 procedures

1 將消化餅乾壓碎鋪在模型底部（此為第一層）。

2 取大碗倒入鮮奶油，以打蛋器拌打至發泡（圖A）。再另取小鍋倒入鮮奶煮開，並灑入洋菜粉和糖攪拌至溶化後熄火，待其稍涼（約60度左右）時加入養樂多攪勻，再倒入大碗中與鮮奶油混合均勻，即倒入模型中（此為第二層）（圖B）。

3 再將葡萄汁和吉利T入鍋煮開後熄火，待稍涼即倒入模型中（此為第三層）（圖C），等全部都凝結後再放進冰箱冰涼。

【貼心小叮嚀】

光看成品也許會被嚇到，哇！「三層」耶！感覺好像很複雜，免驚啦！沒那麼困難，做了就知道，一點也不難！

紅豆水羊羹

器具：瓦斯爐　小鍋子　彎月形模型

材料：紅豆沙700公克

水5杯（1000c.c.）

洋菜粉11公克　麥芽糖1大匙

做法 procedures

1 先將水倒入小鍋中煮開後，加入洋菜粉攪拌均勻，溶解後倒入麥芽糖和紅豆沙，再次煮開時即可熄火備用（圖A）。

2 待降溫至約50度時，用篩子篩入模型（圖B）中等冷卻後再放入冰箱冷藏，食用時以模型壓成型或以刀子切塊取用。

【貼心小叮嚀】

　　要特別留意的是，在第1步驟的降溫當中，應輕輕攪動兩次，豆沙才不會完全沈澱在最下層。另外，在模型部分，也可先以一大容器盛裝冷藏，再取出用各式小模型壓出各種不同可愛的造型。別看它做法簡單，這可是日本人非常喜愛的茶點呢！爽口不膩是它廣受歡迎的主要原因。

營養脆餅

器具：烤盤　烤箱　濕毛巾
　　　大碗　擀麵棍

材料：低筋麵粉150公克
　　　全麥麵粉100公克
　　　在來米粉20公克　糖60公克
　　　葡萄籽油100公克
　　　鮮奶或豆漿30c.c.
　　　熟白芝麻少許　擀麵用麵粉適量

做法　procedures

1 先將油、低筋及全麥麵粉、在來米粉、糖、白芝麻也一併放入大碗中，再用手將全部材料搓揉至油及麵粉充分混合（圖A），再加鮮奶揉勻並堆成麵糰，最後蓋上濕毛巾放入冰箱冰約20分鐘。

2 從冰箱取出麵糰放在已灑上麵粉的工作檯上用擀麵棍擀成約半公分厚度（圖B），再切成長方塊（圖C），切好後排放至烤盤上，送入已預熱攝氏180度之烤箱內烤約20～23分鐘左右即可取出。

【貼心小叮嚀】

　　如果家裡沒有擀麵棍，「手」也是很實用的工具，直接用手將麵糰壓平，很方便呢！另外，要是能用模型壓出可愛的造型，會更吸引人想吃它一口哦！雖然沒有添加任何的發泡劑，可是吃起來還是有酥酥脆脆的感覺，主要是因為在來米粉的關係。至於做法，簡單得很吧！

Part II
小孩「瘋」

香蕉慕斯

器具：瓦斯爐　果汁機

模型（圓洞型或杯子）

小鍋子　大碗　打蛋器

材料：香蕉2條　洋菜粉7公克

吉利T10公克　鮮奶500c.c.

檸檬汁少許　水200c.c.

糖3大匙　鮮奶油250c.c.

做法 procedures

1 先取450c.c.的鮮奶入鍋煮開，隨即倒入洋菜粉及糖2大匙，攪拌均勻後熄火備用。

2 另置一大碗倒入鮮奶油，用打蛋器拌打至稍硬（泡沫狀、不滴下為原則）。

3 將剩餘的50c.c.鮮奶和1條香蕉（圖A）放入果汁機，打至均勻呈濃稠狀即可倒入1料，並攪拌均勻。

4 待3料待降溫至40～50度時，加入2料再次攪拌，隨即倒入模型，約七分滿。

5 另煮開200c.c.的水，放入吉利T、糖1大匙充分攪拌至糖溶解備用。

6 剩餘1條香蕉切成薄片狀，淋上檸檬汁，排置模型上，再把5料慢慢倒入模型中（圖B），待其凝固即可置冰箱冰涼。

【貼心小叮嚀】

這道高貴不貴、營養豐富的冰涼甜點，做好之後最好當天享用，放到隔天的話，香蕉的顏色會變深，不過依然美味！

巧克力鮮奶慕斯

器具：瓦斯爐　小鍋子　打蛋器
　　　大碗　活動底層模型

材料：鮮奶500c.c.　鮮奶油300c.c.
　　　香草粉少許　洋菜粉4～5公克
　　　可可粉10公克　糖適量

做法 procedures

1　鮮奶入鍋中煮開（要邊煮邊攪拌才不會焦掉）（圖A），灑入洋菜粉和糖溶勻後，倒一半至另外一個鍋子，加入可可粉以打蛋器打勻；剩下的一半加香草粉以打蛋器打勻。

2　鮮奶油放入大碗中以打蛋器打至起泡後，倒一半至加可可粉的鍋子裏拌勻，並先倒入模型中此為第一層（圖B），另一半鮮奶油則加在香草粉的鍋內拌勻，再倒入同一個模型中此為第二層，待涼後倒扣於盤中灑上可可粉即可。

【貼心小叮嚀】

　　兩種顏色的上下順序沒有一定，但是，先倒入的第一層要讓它稍為凝固後，再倒第二層，這樣才會使得兩種顏色看起來很清晰。倒第二層時要以湯匙等物先接住，讓它分散緩緩流下才不致把第一層倒成凹洞。

水果凍

器具：圓形中空模型　小鍋子　瓦斯爐

材料：當季綜合新鮮水果約400公克

　　　吉利T28公克

　　　市售罐裝蘋果汁1000c.c.

做法 procedures

1　先將水果切小丁備用（圖A）。

2　取鍋子倒入吉利T及蘋果汁（圖B），調溶後以小火加熱到快煮開時，隨即熄火倒入模型中（圖C），待降溫至約40度左右，將1料的水果平均排入模型內，等其完全冷卻後，即可放進冰箱冷藏，食用時再取出倒扣於盤中即可。

【貼心小叮嚀】

　　「美色」當前，光看就夠令人興奮了，沒食慾？怎麼可能！為贏得「美色」，蘋果汁不用現榨的，以防「臉色」不好看。模型可利用家中現有容器、大碗、便當盒都可替代。

南瓜布丁

器具：大、小鍋子　模型　果汁機

　　　手動打蛋器

材料：黃砂糖80克　水2大匙

　　　熱開水50cc　已去籽南瓜600克

　　　鮮奶500cc　鮮奶油500cc

　　　香草精1/2小匙　膠凍粉3大匙

做法　procedures

1　黃砂糖加2大匙，以小鍋乾煮至淺咖啡色時（圖A），將鍋子離火放入冷水盆中隔水冷卻，待溫度稍降後，移出水盆加入熱開水80c.c.拌勻，即成焦糖水。

2　南瓜蒸熟後壓成泥狀（圖B），再加入鮮奶，用果汁機打成泥後倒入鍋內，再加入鮮奶油、香草精、膠凍粉拌勻之後，再打開瓦斯以中火邊煮邊攪拌，待煮開時即倒入模型內，再加入1的焦糖，待涼之後，再移入冰箱冷藏，享用時再倒扣出來即可。

【貼心小叮嚀】

　　南瓜自然的甜味，讓大人小孩都喜愛，一口接著一口，吃完還想再吃。膠凍粉可在有機食品店買到。

Part Ⅲ 聚會風

三五好友在一起，吃的也要講究，
新鮮蔬果糕、各國口味的派對麵包、
耶誕餅乾、巴西小點心……
健康的美味小點，炒熱聚會的氣氛，
洋溢著快樂的氛圍，
令人期待下一次的相聚。

低

Happy Sweets

大福麻糬

器具：電鍋的內鍋約6人分或可用來蒸的
中型不銹鋼盆　打蛋器

材料：糯米粉1杯　水1杯
糖1大匙　玉米粉適量
帶皮紅豆沙150公克

做法 procedures

1 電鍋放2杯水煮沸。

2 糯米粉、水、糖一同放入內鍋，以打蛋器攪拌均勻，放入電鍋蒸2～3分鐘後，先取出攪拌一下，再繼續蒸2分鐘後取出。

3 工作檯上灑些玉米粉（防黏），放上已蒸好的**2**料（圖**A**），調整成長條形後，以刀子切成7等分（圖**B**）。

4 紅豆沙也均分成7分，以**3**料的麻糬為皮包入紅豆沙（圖**C**）即可食用。

【貼心小叮嚀】

和菓子（即日式點心）在日本百貨公司中常可看到，柔柔嫩嫩、又不會太甜，是它和買現成的不一樣的地方。別猶豫了，開始動手吧！吃不完的可先放置冷凍庫，欲吃時先退冰再食用，如果變硬可用平底鍋略煎（不用油）即可。

分享自己做大福麻糬來分送親友，可以拓展人際關係，孝敬長輩，與上司打好關係，都很理想。

抹茶凍

器具：瓦斯爐　小鍋子　杯狀模型

　　　打蛋盆　手動打蛋器

材料：抹茶粉1大匙　原色冰糖2大匙

　　　水5杯（1000c.c.）

　　　吉利T23公克

　　　紫山藥100g

　　　甜豆漿1杯（200c.c.）

做法 procedures

1. 抹茶粉放入打蛋盆中，以打蛋器拌打，使粒狀散開（圖A）。

2. 將水和冰糖全部倒入小鍋中，以中火加熱，再慢慢灑入吉利T並一邊攪拌，煮開後熄火，待降溫至50～60度時，再倒入1料的打蛋盆中，輕輕攪拌均勻即可倒入模型中，待冷卻凝結後再放入冰箱冷藏

3. 山藥以豆漿煮熟後打成液狀（圖B）。享用時，倒扣盤中淋上少許山藥泥在上面即可。

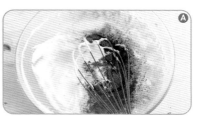

【貼心小叮嚀】

　　抹茶粉是以上等綠茶研磨成粉末狀，含有豐富的維他命C、E及纖維，可預防感冒、食物中毒、蛀牙、動脈硬化及降低膽固醇、消除口臭，甚至可以防癌呢！

　　如果您是吃全素的朋友，只要留意不要選購到含動物膠的吉利丁，選用以海草製成的吉利T，絕對能夠讓您體會到那種滑溜而不甜膩的好滋味！

耶誕餅乾

器具：烤箱　濾篩

各種耶誕飾品的模型　烤盤

打蛋盆　手動打蛋器　大碗

擀麵棍

材料：全麥麵粉400公克　肉桂粉1小匙

葡萄籽油180公克

黃砂糖100公克　薑汁2大匙

蜂蜜2大匙　高筋麵粉適量

做法 procedures

1. 取一個大碗將麵粉和肉桂粉放入拌勻。

2. 另取打蛋盆放入油、糖、薑汁及蜂蜜拌勻。

3. 將1料放入2料內拌勻再揉勻成一糰，放至冰箱冰約30分鐘後拿出來置於已灑上些許麵粉的工作檯上，用擀麵棍擀成約0.5公分厚（圖A），再用模型壓出形狀（圖B），再入預熱好的烤箱以180度烤20～30分鐘左右即可。

【貼心小叮嚀】

　　如果要掛在耶誕樹上，可以在烤前用吸管戳個小洞，烤後取繩子穿洞掛在樹枝上，閃閃發亮的耶誕樹上掛滿了自己烘烤的愛心餅乾，將是多麼有意思的事呢！這種耶誕模型很容易買得到，若家中沒有類似模型，就用刀子切割成各種屬於自己風格的個性餅乾，您也可以成為創意高手！

加拿大藍莓鬆餅

器具：瓦斯爐　平底鍋　濾篩
　　　大碗　打蛋器

材料：低筋麵粉1杯（20c.c.）
　　　奶粉1/4杯　玉米粉半杯
　　　泡打粉2小匙　糖1/4杯
　　　原味優酪乳2大匙　鮮奶180c.c.
　　　瀝掉汁的藍莓半杯
　　　葡萄籽油適量

做法 procedures

1. 麵粉、奶粉、玉米粉、泡打粉用濾篩過篩入大碗中，並將糖加入用打蛋器攪拌均勻後，即可加入優酪乳和鮮奶繼續拌打均勻成麵糊（圖**A**）。

2. 平底鍋刷一層油熱鍋，隨即倒入1料的麵糊（約直徑15公分、厚度1公分的圓形），最後灑一些藍莓在上面（圖**B**），以中火兩面煎黃即成。

【貼心小叮嚀】

　　熱熱鬆餅有甜蜜的滋味，塗上奶油、淋上糖蜜、蜂蜜或楓漿再加幾片美豔的鮮果，或者灑上少許肉桂粉，隨您搭配。一杯果汁或鮮奶配上一片鬆餅，將會是一天最美好的開始。

洛神花蒟蒻果凍

材料：洛神花10朵　水900cc

蒟蒻凍粉40g

小米50g　水500cc

黃冰糖50~60g（隨個人口味）

做 法 procedures

1 洛神花加水900cc煮開後，調成小火煮5分鐘後瀝去渣待涼後（圖A），加入蒟蒻凍粉用打蛋器打勻，加熱煮開後倒入模型(便當盒即可)待涼。

2 另取一小鍋將小米加水500cc煮15分鐘後，加入黃冰糖煮溶即可熄火（圖B）。

3 享用時將小米粥盛入碗中再將蒟蒻凍切塊放入即可。

【貼心小叮嚀】

小米粥要先略為降溫或等涼了之後再將蒟蒻凍加入喔，酸酸甜甜的口感，很有戀愛時的滋味，點滴在心頭。

日本風味派對麵包

器具：瓦斯爐　炒菜鍋　手動打蛋器

材料：法國麵包片6片（或吐司）

白蘿蔔（中型）6公分長　小茴香少許

檸檬汁2大匙　鹽、白胡椒粉各少許

切碎巴西利1大匙　葡萄籽油1大匙

鹹味醬：奶油150公克　奶油起司300公克　白胡椒粉
少許

鹹味醬做法

1 奶油及奶油起司放置室溫中待軟後，先分別取容器
各自拌打呈乳白色狀。

2 將1料放入大碗中一
起拌均勻，最後加入
白胡椒粉再續拌勻即成。

派對麵包做法

1 白蘿蔔洗淨後，用削
皮刀削成一條條片狀
放入大碗中（圖A），加
入鹽拌勻再用手擠乾水分
備用。

2 鍋子加熱放入葡萄籽
油、小茴香先入鍋炒
香，續加白蘿蔔片及其餘
材料一併入鍋略炒後熄火
待涼。食用時舖在已預先
塗好醬料的麵包上即可
（圖B、C）。

義大利風味派對麵包

器具：平底鍋　瓦斯爐　大碗　手動打蛋器

材料：法國麵包片6片（或吐司）

生香菇、洋菇各80公克　檸檬汁2大匙

鹽、白胡椒粉各少許　切碎巴西利1大匙

葡萄籽油1大匙

鹹味醬：奶油150公克　奶油起司300公克　白胡椒粉
少許

鹹味醬做法
同左。

派對麵包做法

1 生香菇、洋菇切薄片
先用碗盛裝，拌入檸
檬汁防止洋菇變色（圖
A）。

2 鍋子加熱放入葡萄籽
油，將1料倒入以鍋
鏟略翻炒，隨即加鹽、白
胡椒粉調味熄火。待涼後
加入切碎的巴西利拌勻，
最後放在已預先塗好鹹味
醬料的麵包上即可食用
（圖B）。

義大利風味派對麵包

日本風味派對麵包

納豆起司風味派對麵包

材料：納豆100g　醬油1小匙　披薩起司適量

切碎的巴西利1大匙　法國麵包4～5片

鹹味醬3大匙

派對麵包做法

1　法國麵包塗上鹹味醬。

2　納豆放入碗內加醬油拌一拌（圖**A**），之後舖在做法1的法國麵包上方再舖批薩起司（圖**B**），烤至淡褐色後取出烤箱，灑上巴西利即可。

德國風味派對麵包

器具：大碗

材料：法國麵包片6片（或吐司）

紅甜菜（罐頭）2片　糖少許

檸檬汁2大匙　鹽、白胡椒粉各少許

切碎巴西利1大匙　橄欖油1大匙

鹹味醬：奶油150公克　奶油起司300公克

白胡椒粉少許

鹹味醬做法　請參考56頁鹹味醬做法

派對麵包做法

1　將紅甜菜由橫面剖開成薄薄兩片（圖**A**），然後加入所有材料拌勻。

2　食用時將1料舖在已預先塗好醬料的麵包上即成（圖**B**、**C**）。

納豆起司風味派對麵包

德國風味派對麵包

夏威夷風味派對麵包

器具：大碗　手動打蛋器

材料：草莓4個　水蜜桃罐頭1塊　鮮奶油100c.c.

　　　法國麵包片6片（或吐司）

甜味醬：奶油50公克　奶油起司100公克　煉奶2大匙

甜味醬做法

1　奶油及奶油起司放置室溫中待軟後，先分別取容器各自拌打呈乳白色狀。

2　將1料放入大碗中一起拌均勻，最後加入煉奶再續拌勻即成。

派對麵包做法

1　草莓洗淨後切半，水蜜桃切薄片分別先以盤子盛裝備用；鮮奶油倒入碗中以打蛋器打至呈硬狀（圖A）。

2　麵包先塗上甜味醬料，再擠些鮮奶油於其上，最後將草莓及水蜜桃鋪在上面（圖B）即可。

法國風味派對麵包

器具：大碗　手動打蛋器

材料：法國麵包片6片（約2～3公分）

　　　或吐司麵包切片　青椒（小）1個

　　　小黃瓜1條　黃芥末醬1小匙　鹽

　　　黑胡椒粉、匈牙利紅椒粉各少許

　　　西洋芹1/3片　鹹味醬150公克

鹹味醬：奶油150公克　奶油起司300公克

　　　白胡椒粉少許

鹹味醬做法　請參考56頁鹹味醬做法

派對麵包做法

1　小黃瓜、西洋芹先切碎，再和黃芥末醬、鹽、黑胡椒粉及匈牙利紅椒粉一起加入鹹味醬中，並充分調勻備用（圖A）。

2　青椒蒂切除並挖掉籽填入1的醬料（圖B），放置冰箱冰約30分鐘後取出，切成薄薄的圓型片備用。

3　食用時，將麵包塗上鹹味醬，再放上2料即可。

法國風味派對麵包

夏威夷風味派對麵包

俄羅斯雪球

器具：爐篩　保鮮膜（或濕毛巾）

　　　烤盤　烤箱　大碗

材料：全麥麵粉100公克

　　　烤香核桃35公克　葡萄籽油60c.c.

　　　紅糖20公克

　　　糖粉（或玉米粉）10公克

做法 procedures

1 核桃先切成小粒，再與麵粉混合拌勻。

2 將紅糖倒入油中攪拌均勻，此時將1料加進來一起以手拌勻（圖A），並堆成糰狀用保鮮膜（或溼毛巾）蓋好，放入冰箱冷藏約半小時至1小時。

3 待冷藏後取出，搓成中型湯圓的大小（圖B）排放於烤盤上，放進已預熱190度的烤箱烤10～15分鐘，烤好後灑上糖粉（或玉米粉）即可。

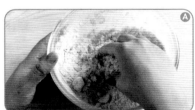

【貼心小叮嚀】

　　喜歡吃什麼堅果，可以自己做變化，例如：花生、杏仁、南瓜子、松子等，但有個訣竅，必須先烤香會比較香脆爽口；灑一點糖粉是為了看起來像雪花一樣，不想用糖粉裝飾亦可用玉米粉替代。

巴西小點心

器具：濾篩　烤箱　烤盤　大碗

材料：糯米粉5大匙　水2大匙

　　　鮮奶1大匙　葡萄籽油2又1/2大匙

　　　全麥麵粉2大匙　泡打粉半小匙

　　　鹽少許

調味料：a. 起司粉3大匙

　　　　b. 黑胡椒1/4匙

　　　　c. 咖哩粉1/3小匙（各選一種）

做法 procedures

1. 取一個大碗將水及糯米粉倒入，以筷子拌勻，並加入鮮奶繼續攪拌均勻，隨即加入葡萄籽油再繼續拌勻（圖A）。

2. 麵粉及泡打粉放入1料中的大碗，並加鹽連同1料全部充分攪拌均勻備用。

3. 任選一種口味加入2料中或將2料分成三等分，分別加入a、b、c料，調勻後，逐一搓成一粒粒像湯圓般大小（圖B），整齊排放於烤盤中，即可已預熱180度的烤箱，烤約6～10鐘即可取出。

【貼心小叮嚀】

　　朋友從巴西來玩，教我們做了這種巴西的家常小點心，很香、不甜、又簡單易做。

黑糖蘋果糕

器具：模型 烤箱

材料：	蘋果（中型）1顆
	無鹽奶油45公克　葡萄籽88公克
	黑糖120公克
	泡打粉（Baking Powder）7公克
	低筋麵粉170公克
	全麥麵粉150公克
	丁香粉1公克　豆蔻粉0.5公克
	玉桂粉1公克　鮮奶237公克
	杏仁角少許

做法 procedures

1 先將無鹽奶油融化，再加入葡萄籽油、黑糖混合均勻（圖**A**）。

2 將低筋麵粉、全麥麵粉、泡打粉、丁香粉、玉桂粉、豆蔻粉加入拌勻後，加入鮮奶再攪拌成糊狀後備用。

3 將蘋果去籽後，直切成八塊後再切成片（圖**B**）。

4 將蘋果片加入 **2** 料內拌勻後（圖**C**），倒入已塗上奶油的模型中，用刮刀塗平後灑上一些杏仁角，再進烤箱以190℃烤30分鐘即可。

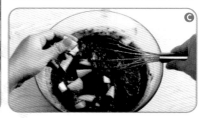

【貼心小叮嚀】

　　只要家裡有一台小烤箱，就可以自己DIY這種送禮自用兩相宜既天然又香濃的糕點了，到時候超級點心大師就非您莫屬囉！

Part IV 上班風

做不完的工作，讓生活變得忙忙忙，

悠閒似乎是一種奢侈，

讓大學地瓜、味噌煎餅、山藥饅頭、三味三明治……

為每一天忙於打拚的你，提供能量與活力。

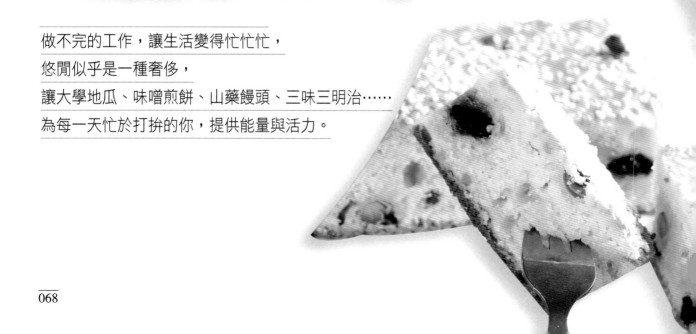

低GI

Happy Sweets

大學地瓜

器具：瓦斯爐　單柄鍋

材料：地瓜400公克　　葡萄籽油4杯

　　　炒香黑芝麻2大匙

醬汁：糖6大匙

　　　麥芽糖2大匙

　　　醬油1又1/2大匙

　　　葡萄籽油1小匙

　　　水2大匙

做 法　procedures

1 地瓜洗乾淨（不用削皮）切成一口大小（圖**A**），以中溫油炸熟，起鍋將油瀝乾。

2 另用單柄鍋放入所有醬汁材料煮至糖溶化後，拌入炸好的地瓜，待每一地瓜均沾上醬汁（圖**B**），再灑上黑芝麻即可。

【貼心小叮嚀】

　　從前在日本某所大學旁有一家賣地瓜糖的攤子，口味甜而不膩，非常受到顧客的喜愛，經常大排長龍。大家想吃地瓜糖時就說：「走！去買大學地瓜。」「大學地瓜」之名，不逕而走。它的口味和台灣的地瓜糖很不一樣，試試看，品嚐簡單的料理，也有令人難忘的美味。

葡萄乾核桃捲

器具：保鮮膜

食物調理機

材料：葡萄乾150公克

核桃30公克

黃豆粉2大匙

做法 procedures

1 葡萄乾打（或用刀切）成泥，核桃剝成小塊備用（圖A）。

2 鋪一層保鮮膜在工作檯上，先灑上一層薄薄的黃豆粉，再鋪上一層葡萄乾泥並把核桃灑在最上面，然後連同保鮮膜一起捲起，像捲壽司一樣捲緊成條狀（圖B）。放入冰箱冷凍約1小時後，即可取出切成斜片狀。

【貼心小叮嚀】

若無調理機可用刀切，但需切碎一點；切好後再以刀背拍一拍，如此捲成條狀時，才不會鬆開來。

味噌煎餅

器具：平底鍋　磨泥板　瓦斯爐
　　　筷子（或手動打蛋器）　濾篩

材料：全麥麵粉6杯　　地瓜粉半杯

　　　檸檬（或橘子）半個

　　　烤香白芝麻100公克　蜂蜜50公克

　　　水6杯（1200c.c.）　味噌3大匙

做法 procedures

1 將檸檬放在磨泥板上把最外層的皮磨入小碗中（圖A）（白的部分不要磨到），再把檸檬榨汁入同一碗中備用。

2 麵粉、地瓜粉過篩入大碗中（圖B），並倒入1料的皮屑和汁，其餘的材料亦一併加入，以筷子（或打蛋器）攪拌均勻成糊狀，最後放入平底鍋以中火煎至兩面呈金黃即可。

【貼心小叮嚀】

「味噌」不但營養價值高，更有絕佳的風味，日本有句俗話說：「即使已離家二、三十里為了味噌而折返，都是很值得的。」由這句話就可以知道，為什麼他們幾乎每天都喝味噌湯了。

和風味噌素糕

器具：烤箱　烤盤　大碗
　　　手動打蛋器　濾篩

材料：小蘇打、水各1小匙先調溶
　　　葡萄籽油170c.c.
　　　味噌40公克　紅糖80公克
　　　鮮奶300c.c.　泡打粉1大匙
　　　鹽1/2匙　低筋麵粉450公克
　　　青豆仁半杯　葡萄乾少許
　　　生的白芝麻2大匙

做法 procedures

1. 小蘇打水、葡萄籽油、味噌、糖放入大碗以打蛋器拌打均勻後，隨即加入鮮奶繼續拌勻備用（圖A）。

2. 泡打粉、鹽、麵粉用濾篩逐一過篩入1料中，一起拌打均勻成糊狀，最後加入青豆仁及葡萄乾（圖B）。

3. 烤盤先塗上一層油將2料倒入，灑上白芝麻，待烤箱預熱後放入烤箱，以180度烤35分鐘左右即可取出待涼後再切片。

【貼心小叮嚀】

　　覺得將泡打粉、鹽、麵粉過篩很麻煩嗎？可以全部裝入塑膠袋充分搖勻，完成後口感可能會較不細緻，但風味不減。
　　如果不要用鮮奶的話，以原味豆醬替代也可以。

山藥饅頭

器具： 瓦斯爐　蒸籠　磨泥板

　　　 烤糕用的臘紙8小張（四方形狀約4×4公分）

　　　 大碗

材料： 山藥60公克　在來米粉80公克　糖80公克

　　　 顆粒狀紅豆餡300公克　麵粉適量

做法 procedures

1　山藥洗淨去皮用磨泥板磨成泥狀於大碗中（圖**A**），以打蛋器拌打均勻，並逐量加入白砂糖繼續拌打，隨後放入在來米粉，用手均勻揉成糰狀。

2　工作檯上先灑些乾麵粉，倒入1料，用手搓揉成長條狀，並分切成8等分。

3　紅豆餡亦分成8等分備用。

4　將作法2料壓攤成扁圓形狀，包入3料，再包成圓球狀（圖**B**）。

5　將4料的圓球均下墊一正方形臘紙，置於蒸籠中（蒸籠需先將水燒開，再放入生饅頭），蒸約15分鐘即可取出享用。

【貼心小叮嚀】

　　山藥是一種很受歡迎的根莖類蔬菜，在料理上的運用十分廣泛，也是非常營養的健康食材。

　　饅頭餡料也可以換成芋泥或南瓜泥等各式口味。外皮不一定非用白糖不可，以紅糖或黃砂糖來製作更好吃，但是視覺上的效果稍有不同。

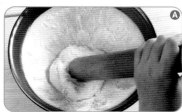

鹹味起司餅乾

器具：烤箱烤盤　濾篩　星狀模型
　　　大碗　擀麵棍

材料：低筋麵粉50公克
　　　全麥麵粉50公克
　　　起司粉40公克　奶油60公克
　　　黑胡椒粉少許
　　　白芝麻、小茴香、鮮奶各適量

做法 procedures

1 低筋麵粉用濾篩篩過後入大碗內（圖A），再逐一加入全麥麵粉、起司粉、奶油、黑胡椒粉一起揉勻成糰，放至冰箱冰約30分鐘後取出，置於已灑上些許麵粉的工作檯上，用擀麵棍擀成約0.5公分厚，再用模型壓出形狀（圖B）。

2 將壓製成品放至烤盤後先塗上鮮奶再灑上適量芝麻或小茴香，最後入烤箱以180度烤10～15分鐘左右即可取出。

【貼心小叮嚀】

　　這是獻給不喜歡或不能吃甜食的朋友們享用的；喜歡甜食的朋友也可換換口味，變化一下讓生活更有意思。做法很簡單，您必定可以一試即成。

　　對鹹度需要十分小心的朋友們，可將普通奶油換成無鹽奶油，會吃得更安心更健康。

全麥餅乾

器具：烤箱　烤盤　大碗　打蛋器

材料：葡萄籽油80公克　糖70公克

鹽少許　香草粉1小匙

全麥麵粉160公克

泡打粉（B.P.）1小匙

炒香白芝麻適量

做法 procedures

1 取一大碗放入油、香草粉打勻備用（圖**A**）。

2 另取大碗將麵粉和泡打粉、白芝麻充分混合好，再倒入1料中稍微拌勻成麵糰（圖**B**）。將麵糰均分成每個約5公分直徑大小的圓球狀，再放入烤盤，以手稍微壓扁（圖**C**），最後放入預熱好之烤箱，以160至180度左右烤約15分鐘即可取出食用。

【貼心小叮嚀】

　　想要吃的清淡一點，可將油減量，白芝麻也可換成黑芝麻，一樣風味不減。做法簡單又容易存放，當作早餐或郊遊、看電影的點心都很適合。

三味三明治

器具：大碗

材料：全麥吐司、白吐司各半條

第一味：鹹酸梅（或紫蘇梅）8
粒、蜂蜜3大匙

第二味：鹽少許、小黃瓜1條、起
司1片、沙拉醬及黃芥末
醬各適量

第三味：木棉豆腐1盒、烤香的核
桃和松子各30克、南瓜
150克、胡椒少許

做法 procedures

1 酸梅去籽切碎用大碗盛裝，再倒入蜂蜜拌勻成酸梅醬備用（圖**A**）。

2 小黃瓜洗淨橫切成兩段，再直切成薄片裝入另一乾淨大碗中，灑入少許鹽拌勻出水後，以手擠出水分備用。

3 沙拉醬、芥末醬先於碗中調勻，食用時塗在全麥吐司上，中間夾小黃瓜和起司片即可（圖**B**）。

4 另一口味三明治則為白吐司上塗1料之酸梅醬即可。

5 豆腐用手捏破再放入不沾鍋炒乾，至水分收乾。

6 南瓜去籽切塊蒸熟後和核桃及松子以調理機打成泥狀之後，加入做法5的豆腐和鹽、胡椒粉一起拌一拌，即是另一個口味的三明治內餡。

【貼心小叮嚀】

您可以自己改變三明治的內餡，如果冰箱裏還有其他的東西可用，比如說：高麗菜、生菜、紅蘿蔔、白蘿蔔、番茄等，都可以夾在三明治裏面（塗沙拉、芥末醬的口味）。紫蘇酸梅是種帶有湯汁、軟軟的酸梅；蜂蜜的香氣和甜味使得酸梅不再只是又酸又鹹，風味很好又開胃哦！

三色果醬

器具：瓦斯爐　單柄鍋　磨泥板　食物調理機

一、紅蘿蔔醬

材料：紅蘿蔔2條　檸檬片3片　檸檬汁3大匙
　　　洋菜粉1小匙　水2杯

調味料：糖200公克

做法 procedures

1 紅蘿蔔用磨泥板磨成泥，直接磨入鍋中（圖 A）。

2 鍋子續放入其餘材料（留水1杯和洋菜粉不要放進去），以小火煮約1小時，期間要時常攪拌（圖B），以免燒焦黏鍋後，將洋菜調水加進鍋再次煮開後熄火。

3 取出檸檬片，在冷卻之前攪拌3～5次，成糊狀即可。

二、蘋果醬

材料：中型無上臘蘋果一粒、水100cc、鹽微量。

做法 procedures

蘋果去籽切薄片加水煮開後，以小火煮至軟透剩少許水分時熄火，加入鹽，再用叉子攪一攪即成。

三、黑棗醬

材料：去籽黑棗乾1杯、白葡萄汁100cc、檸檬汁1小匙、鹽微量。

做法 procedures

黑棗乾加上白葡萄汁打成泥之後，放入小鍋內小火邊煮邊攪拌至稠狀後熄火，加入檸檬汁和鹽即成。

【貼心小叮嚀】

小孩不吃紅蘿蔔嗎？那就跟他說這是橘子醬，由於檸檬的功勞，所以沒有紅蘿蔔的味道。塗蘇打餅乾或麵包都很好吃。

有了這三種醬吃吐司就更有變化了唷！

蘋果醬

黑棗醬

紅蘿蔔醬

柳丁果凍

器具：壓汁機　瓦斯爐　小鍋子
　　　打蛋器　小杯子

材料：柳丁3粒　柳丁汁350c.c.
　　　吉利T10公克

1 柳丁先橫剖成兩半，用壓汁機壓出果汁（圖A），再用湯匙挖除其內部纖維（圖B）備用。

2 將現壓的柳丁汁及現成的柳丁汁入鍋中混合，置爐上煮開再放入吉利T攪拌均勻，待其降溫至40～50度備用。

3 將處理乾淨的柳丁外皮置於小杯上，以防傾斜；再倒入2料（圖C）待其凝固，放入冰箱冰涼後享用。

【貼心小叮嚀】

　　用新鮮的柳丁皮作杯子，盛上黃橙橙的果凍，不論冬夏食用，都別有風味。好滋味加上吉祥的金黃色澤，讓人一口接著一口！

杏仁豆腐冰

器具：單柄鍋　瓦斯爐　大碗

材料：盒裝嫩豆腐1塊　鮮藍莓7個

櫻桃（或草莓）4個

水蜜桃、鳳梨、奇異果各1個

檸檬半個　糖水、杏仁露各適量

碎冰適量

做法 procedures

1 以糖1：水2的比例入鍋，煮至糖溶解並滴入少許杏仁露，即成糖水放涼備用。

2 櫻桃、奇異果各切丁，檸檬切薄片。

3 取大碗，將草莓、鮮藍莓、奇異果和碎冰塊放入，續放豆腐切小三角形（圖A），最後淋上糖水，放一片檸檬片（圖B）即可盛小碗享用。

【貼心小叮嚀】

光是用眼睛看，就是一種享受，好吃又容易做，只要小心不將豆腐切壞，您就是天生巧手，不用懷疑啦！當季的各種新鮮水果都可利用，簡單又別出心裁。

Part IV

上班風

神仙甜品

器具：冰器容器　大碗　濾篩

材料：小粒棉花糖（不含明膠成分，植
　　　物性）150公克

罐頭什錦水果（帶汁）400公克

原味優格1/2杯

椰子絲（或椰子粉）2大匙

做法 procedures

1 將什錦水果的湯汁另外瀝出
　裝入容器中和優格一起調勻
（圖A）。

2 再將什錦水果、棉花糖、椰
　子粉等全部放入1料中拌勻
（圖B），然後放進冰箱，冰鎮半天
後即可享用。

【貼心小叮嚀】

　　這麼簡單誰不會做啊？別急著吃！記得要冰約半天等棉花糖入味才會好吃。
此甜品存放冰箱可放置1星期，每日慢慢地享用。想抓住家人的胃就快動手做
吧！

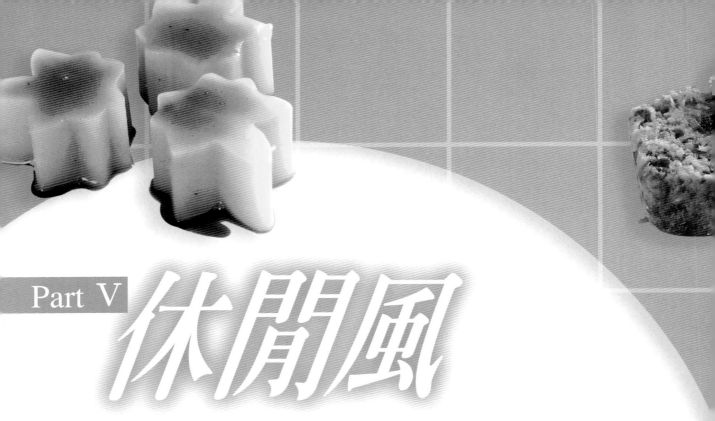

Part V 休閒風

沒有奢華昂貴的食材，
純樸的美味反而更加動人心弦，
水果糕、黃豆麥牙糖、芝麻球、南瓜凍……
配上一杯濃醇的咖啡、
一壺酸酸甜甜的現熬水果茶……
享受難得悠閒的浪漫午後。

低

GI

Happy Sweets

串湯圓

器具：	瓦斯爐	小鍋子	竹籤	大碗

材料：嫩豆腐半塊

　　　糯米粉300公克　水適量

調味料：a. 紅糖5大匙　醬油4大匙

　　　　地瓜粉少量　水2杯

　　　b. 黃豆粉半杯　黃砂糖半杯

做法 procedures

1 嫩豆腐及糯米粉放入大碗，用手搓揉豆腐和糯米粉使其充分混合（圖A），像耳垂的軟度（太硬的話加少許水）揉至均勻，搓成每個約12公克的湯圓後，再以食指和拇指將湯圓輕壓一下使成略扁狀。

2 取小鍋子加水，待水滾放入湯圓，煮至浮起後撈起放入冷水盆中，稍冷卻後用竹籤串成串（圖B）。

3 將調味料a的糖、醬油和水一起倒入小鍋中加熱，煮至糖溶化後，以地瓜粉水勾芡。調味料b倒入另一個碗中攪拌均勻。

4 把串好的湯圓，部份淋上調味料a，部分灑上調味料b（圖C），即成兩種不同口味的串湯圓。

【貼心小叮嚀】

　　嚐一口串湯圓，可以感受到濃濃的和風滋味。甜甜的醬油味是它最大的特色，亦可灑上海苔粉或白、黑芝麻，又是另種風味哦！如果喜愛鹹口味，也可以將煮好的白湯圓串好塗上醬油烤香後灑上海苔絲即可。至於為什麼要加豆腐呢？原來是為了讓它的柔軟度維持得更久一些，聰明吧！

抹茶慕斯

器具：瓦斯爐　小鍋子

模型（圓形杯狀）

手動打蛋器　大碗

材料：鮮奶500c.c.　鮮奶油500c.c.

洋菜粉8公克　抹茶粉1大匙

原色冰糖30公克　蜜紅豆50公克

做法 procedures

1 取大碗1個，先將抹茶和糖混合均勻；再另取1大碗倒入鮮奶油打成稠狀備用（圖**A**）。

2 另置小鍋子將鮮奶倒入加熱煮開後（圖**B**），放入洋菜粉攪拌均勻，並將混合均勻的抹茶和冰糖倒入再次拌勻，隨即將鮮奶油再倒入拌勻，即可倒入模型中，最後灑入蜜紅豆即可放入冰箱冰涼，食用時再扣出即可。

【貼心小叮嚀】

別小看抹茶（即綠茶粉），它是現在當紅的健康食品。用抹茶做成了綿綿密密的慕斯，口感更細緻。除了蜜紅豆，您也可以搭配其他材料，做不同的變化。

黃豆麥芽糖

器具：瓦斯爐　小鍋子

　　　薄描圖紙（或糖果紙）

　　　剪刀　擀麵棍

材料：麥芽糖110公克

　　　水半杯（100c.c.）

　　　紅糖190公克

　　　熟的黃豆粉300公克

1. 先將麥芽糖、水和糖入鍋（圖A），以中火煮開至糖溶化後調成小火，此時加入黃豆粉250公克攪拌均勻即可熄火備用。

2. 將剩餘的50公克黃豆粉灑在工作檯上（防黏手，這樣也會比較好切），再將1料倒在上面用擀麵棍壓平後，切成約3公分條狀（圖B）。

3. 取描圖紙，剪成15公分長7公分寬，把切好的2料像包糖果一樣包起來（圖C），兩頭扭一下即成。

【貼心小叮嚀】

　　黃豆麥芽糖加上美麗的糖果紙，可以為它加分不少，若覺得麻煩不想包，直接存放也可以，做好之後放在室溫下約可保存兩個星期，冷藏則可保存更久。這是日本的傳統零食，也是喝茶時的好搭擋。

水果糕

器具：模型（約直徑20公分圓型）

烤盤　烤箱　磨泥板　大碗。

材料：全麥麵粉3又1/2杯

葡萄籽油120c.c.　葡萄乾1杯

核桃、腰果、松子全部加起約100

公克　黑糖3/4杯

蘋果1個　檸檬汁20c.c.（約1粒量）

柳丁汁30c.c.（約1粒量）

薑泥1小匙　蜂蜜2大匙

做法 procedures

1. 先以少許油將模型內側塗抹均勻，然後灑上一層薄薄的全麥麵粉（圖A）。

2. 葡萄乾、核桃、腰果、松子等堅果全部切碎（不要切太碎，約紅豆般大小）放入大碗。

3. 隨後放入5大匙全麥麵粉在2料裡，黑糖也同時放入。

4. 另取一碗將剩餘的麵粉和油混合用手抓勻再倒入3料的大碗中繼續拌勻。

5. 用磨泥板將蘋果直接磨入裝有4料的大碗內（圖B），並逐一加入檸檬汁、柳丁汁、薑泥、蜂蜜，全部完成後即與原先的4料充分混合，即可倒入模型，上面用手修飾壓平（圖C），最後放進烤箱以100度烤約4～5小時，取出待涼後即可倒扣出來切塊享用。

【貼心小叮嚀】

細緻的甜點，往往蘊藏著烘焙者的巧思，水果糕不僅滋味獨特，最棒的是它耐看又耐放，帶著它出外郊遊、招待客人，都是最佳的選擇，味道豐富又有深度。

新鮮蔬果糕

器具：瓦斯爐　平底鍋　保鮮盒
　　　保鮮膜　板子　磨泥板　小碗

材料：紅蘿蔔100公克

蘋果（紅色）中型1個

壓碎的腰果2/3杯

葡萄乾1杯　全麥麵粉1杯

葡萄籽油3大匙　薑泥1小匙

烤香白芝麻適量

做法 procedures

1. 取一小碗，將紅蘿蔔磨成泥入碗中（圖A），蘋果一半也磨入同一碗內，另一半則切成小丁備用。

2. 再另取一碗裝葡萄乾泡水，漲飽後切碎。

3. 取保鮮盒，內舖一層比盒子稍大的保鮮膜備用。

4. 平底鍋放3大匙油加熱，隨即放進全麥麵粉炒至呈鬆散狀之後熄火，這時將處理好備用的作法1、2料連同其餘材料，倒入平底鍋內，與炒好麵粉一起拌勻（圖B）。

5. 將4料放入3的保鮮盒內，以盒內的保鮮膜包住所有材料壓緊（圖C），上面再另用一張新的保鮮膜覆蓋好，並用板子壓放其上，接著再放上一些稍有重量的東西後放冰箱冷藏，壓放一晚隔天即可成型，食用時倒出切片。

【貼心小叮嚀】

　　這幾年來，充滿手工、媽媽家常風味的甜點，返璞歸真的真實口感，受到不少美食家的喜愛。這道糕點料多實在，不用加糖就很香甜可口，當您從冰箱取出切片嚐上一口時，一定會對自己佩服不已！

芝麻球

器具：瓦斯爐　炸鍋　大碗　濾篩

材料：地瓜60公克　糯米粉100公克

紅豆沙100公克

枸杞切碎適量（亦可不加）

葡萄籽油　生的白芝麻各適量

紅糖50公克　水60c.c.

做法 procedures

1 地瓜先蒸熟後搗成泥狀，再用濾篩過篩取泥，用大碗盛裝。

2 先將糖及水調溶，再倒入糯米粉中拌勻，然後放入1料碗裡，以手搓揉拌勻成糰狀（圖A）。

3 將2料之糯米糰放置工作檯上平均切成10個，紅豆沙及枸杞混合均勻後，也分成10分。

4 將糯米糰壓成圓扁型包入豆沙（圖B），揉捏成緊密結實的圓球狀，並沾勻芝麻。

5 炸鍋放油加熱至160度，再投入芝麻球炸至金黃，呈浮起狀即可撈起並瀝乾油即可食用。

【貼心小叮嚀】

地瓜亦可換成芋頭、南瓜、馬鈴薯等，芝麻要用生的才容易沾的牢。炸時要不時翻動，勿炸過久才不會爆開來。

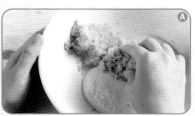

金荷包

器具：瓦斯爐　炸鍋　盤子

材料：吐司半條（三明治用的厚度）

　　　鮮奶或豆漿200c.c.

　　　果醬（自己喜愛的口味）

　　　葡萄籽油適量

做法 procedures

1 切去吐司硬邊。

2 取盤子倒入鮮奶，去邊吐司兩面均沾勻鮮奶（圖**A**）後，放置另一乾淨盤中。

3 將沾好鮮奶的吐司放到工作檯上，在半邊塗上果醬，對折並像包水餃般把三個邊壓實，使其黏住（圖**B**）。

4 油鍋加熱，投入3料以中溫油炸至呈淡黃色撈起即可。

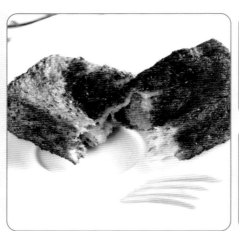

【貼心小叮嚀】

　　麵包沾了水分來炸便不會吸油，但是一定要等油熱了再放進去炸，否則還是會油膩膩的。此外如果家中剛好沒有鮮奶的話，用水或豆漿代替也可以。印度朋友也是教我沾水，後來改用鮮奶覺得更好吃。

草莓鮮奶凍

器具：小鍋子　瓦斯爐　圓形模型

　　　果汁機　大碗　打蛋器

材料：鮮奶500c.c. 蜂蜜1大匙

　　　吉利T20公克　鮮奶油500c.c.

　　　鮮草莓120公克

做法 procedures

1　草莓留下2個，其餘的和鮮奶用果汁機打成草莓泥（圖**A**）。

2　將其餘材料放入鍋內以小火慢煮，並要不時以打蛋器攪拌（圖**B**），避免其焦掉，煮開後熄火，加入1料的草莓泥拌勻，倒入模型待涼，冷卻後放入冰箱冷藏。

3　用時將做法2料自冰箱取出，倒扣於盤中，再放上切片的草莓裝飾。

【貼心小叮嚀】

　　鮮奶凍配以又香又艷的鮮草莓，真是誘人！每吃一口都有令人驚嘆的幸福美味！模型亦可用任何家中現成的容器，如果沒有小模型則用大一些的方型容器也可以，享用時再切塊即可。此材料所標示分量為4人分，如想多做一些，可將分量加倍。

南瓜凍

器具：	瓦斯爐　電鍋
	濾篩　小鍋　大模型　大碗
	各式可愛模型數個
材料：	南瓜（扁圓形）450公克
	洋菜粉6公克　檸檬汁1小匙
	豆蔻粉少許　水700c.c.
糖漿：	紅糖6大匙　水2大匙

做法 procedures

1　南瓜洗淨先削皮去籽，放入電鍋蒸熟爛後取出。

2　另置一乾淨大碗，用濾篩過篩壓泥（圖A）備用或用調理機打成泥。

3　小鍋加水煮開，即放入洋菜粉攪拌均勻，再把南瓜泥放入再次攪拌（圖B），再加入豆蔻粉及檸檬汁即熄火。待降溫至40～50度左右即可倒入模型，降溫期間仍要輕輕攪拌2～3次以防色澤不均，冷卻後放冰箱冷藏。

4　糖、水一起入鍋，以小火煮至糖溶解即成糖漿。

5　南瓜凍自冰箱取出，以可愛模型壓取圖形（無模型則用刀切塊），再將糖漿淋於上面即可食用。

【貼心小叮嚀】

　　南瓜營養豐富、容易消化又好保存，富含胡蘿蔔素和維他命E、C，既可防癌也是素食者很好的維他命A來源。用於烹調，給「煮」事者無限的發揮空間。此道甜點，很適合作幼兒點心。

藍莓布丁

器具：	小鍋子　瓦斯爐
	圓形杯狀模型　打蛋器
材料：	鮮奶500c.c.　鮮奶油500c.c.
	吉利T20公克
調味料：	糖40公克
	香草粉（或香草液）少許
	藍莓罐頭1/3罐

做法 procedures

1 先將藍莓瀝乾水分備用。

2 將鮮奶、鮮奶油及吉利T一起入鍋，以打蛋器拌打至吉利T溶解（圖**A**），再加入糖、香草粉繼續打勻；最後開火煮沸即可熄火（煮時要稍微攪拌）。

3 將煮好的**2**料倒入模型內，再將瀝乾水分的藍莓放入（圖**B**）即可。

4 待凝固後放入冰箱冰涼即可。

【貼心小叮嚀】

這是以前塘塘店裏廣受男女老少歡迎的甜點，想要知道個中滋味，就動手做吧！

萊斯冰淇淋

器具：鍋子　果汁機　瓦斯爐　大容器

材料：糙米飯150公克　鮮奶300c.c.

鮮奶油200c.c.　香草粉1小匙

柳丁汁1大匙　蜜黑棗數顆

做法 procedures

1 鮮奶、飯、糖一起放入鍋中用小火邊煮邊攪拌（圖A），不使其焦掉，煮開以後放涼備用。

2 把鮮奶油和1料放入果汁機內打成糊狀再加入柳丁汁（圖B）和香草粉，稍微攪拌後，倒入容器內放入冰箱冷凍庫約2個小時後，先取出用湯匙攪拌均勻，再放回冰箱冷凍，約重複3次即成。享用時再加1顆蜜黑棗或草莓更正點。

【貼心小叮嚀】

　　吃冰淇淋也要有健康概念！用糙米飯做的冰淇淋含有豐富的維他命B群，可以大大滿足每一張挑剔的嘴巴，也是適合家裡小寶貝的甜蜜點心。

【無國界的美味素食料理】

塘塘廚坊

細細品味……隱身靜巷中的美食傳奇

在素食圈頗富盛名的蘇富家和夫婿早乙女 修，多年來一直致力於健康素食的推廣，並創新素食的口味及取材，讓不愛吃素的人，也能讚不絕口，而他們在八年前所開設的「塘塘廚坊」，更是結合多國料理的精神，滿足無數挑剔的味蕾。

塘塘廚坊位在台北市樂利街的靜巷中，以無國界的素食料理獨樹一格，吸引了每一位聞香而來的客人，這裡的料理不僅強調色香味俱全，富家老師更堅持「用最新鮮的材料」、「少油」、「不用加工再製品」，讓老饕們能吃的健康、吃的安心。

塘塘廚坊的菜色非常多元化，中式、廣式、日式、韓式、義式、泰式等多國的素食料理這裡都有。店長陳浤村說，很多客人的第一個反應是：「你們不像素食餐廳啊！」的確，看到菜單之後，完全顛覆一般人對素食餐廳的印象，飯類套餐、義大利麵、拉麵、涼麵、火鍋、焗烤類、小菜、沙西米、點心應有盡有，無論大人、小孩，都能找到自己喜愛的口味。

愛吃米飯的客人，一定要嚐嚐飯料理，像是「松子青醬炒飯」、「京都羽衣丼飯」、「韓國什錦飯」、「糖醋山樂飯」、「梅干扣肉飯」等各具特色，其中最受歡迎的是「招牌香椿炒飯」，飯一端出來，即有一種特殊的香味，挑起味蕾的感官刺激，保證讓人上癮。

因為著重健康的概念，塘塘廚坊都是採用糙米、黑糯米、燕麥、蕎麥、高粱等五種全穀類組合成的「五穀米」，而且不去殼，煮成飯之後，粒粒分明口感香Q，富含礦物質、維他命、纖維質，對健康可以大大的加分。

對於愛吃麵食的人來說，也不會失望，老闆堅持採用日本有機昆布，所熬製的清爽鮮美高湯，加上一卷咬勁兒十足的拉麵條，配上不同的配料，淋上醬汁，可以讓人一口麵一口湯，直到碗底空了，還餘韻十足。店長特別推薦「日式味噌拉麵」，芝麻、味噌的香味撲鼻而來，令人想馬上大快朵頤。

值得一提的是，在食材的選擇上，塘塘廚坊堅持以新鮮的材料，不添加味

▲日式味增拉麵

▲韓國什錦飯

▲招牌香椿炒飯

國家圖書館出版品預行編目資料

低GI烘焙易點心 / 早乙女修 , 蘇富家 著 . ——
初版 . ——臺北市：腳丫文化 , 2005〔民94〕
面； 公分 . ——（腳丫叢書；K008）
ISBN 986-7637-18-6（平裝）
1.食譜 2.點心
427.16 94003900

ひ腳丫文化

■ K008

低GI烘焙易點心

著 作 人 — 早乙女 修、蘇富家
社 長 — 吳榮斌
企劃編輯 — 梁志君 　　執行編輯 — 林麗文
美術設計 — 歡喜田廣告設計
行銷企劃 — 吳培鈴
出 版 者 — 腳丫文化出版事業有限公司

＜總社・編輯部＞：
地 址 — 104 台北市建國北路二段66號11樓之一（文經大樓）
電 話 —（02）2517-6688（代表號）
傳 真 —（02）2515-3368
E-mail — cosmax.pub@msa.hinet.net

＜業務部＞：
地 址 — 241 台北縣三重市光復路一段61巷27號11樓A（鴻運大樓）
電 話 —（02）2278-3158・2278-2563
傳 真 —（02）2278-3168
E-mail — cosmax27@ms76.hinet.net
郵撥帳號 — 19768287 腳丫文化出版事業有限公司
國內總經銷 — 大眾雨晨實業股份有限公司 　（02）3234-7887
新加坡代理 — POPULAR BOOK CO.(PTE)LTD. 　TEL:65-6338-2323
馬來西亞代理 — POPULAR BOOK CO.(M)SDN.BHD. 　TEL:603-9179-6333
香港代理 — POPULAR BOOK COMPANY LTD. 　TEL:2408-8801
印 刷 所 — 大象彩色印刷製版股份有限公司
法律顧問 — 鄭玉燦律師
發 行 日 — 2005 年 5 月第一版 第 1 刷
　　　　　　　　5 月 　　第 2 刷

定價／新台幣 250 元 　　　　Printed in Taiwan

精，吃出食物的原貌原味，所有的醬料，由早乙女 修和蘇富家老師親自監製，不添加防腐劑，用的油也是橄欖油及葡萄籽油，僅管葡萄籽油的價格比一般的花生油貴上15倍以上，但這也是塘塘廚坊想傳達給每一位客人的心意：美味一定要兼具健康！

　　塘塘廚坊雖然在食材上有高品質的要求，但在餐飲的價格，卻十分的平實，從40元到300元不等，少少的花費，就能有大大的滿足。廣納多國的素食料理，味道濃郁而具深度，值得饕客們細細品味！

塘塘廚坊

地址：台北市樂利路42巷2號

電話：（02）27321243

時間：周一至周六10：00～20：30
（元旦、春節、端午、中秋均休假）

好康 _A_ !

剪下此截角，免費享用超人氣燒海苔蚵仔煎1分。　　塘塘廚坊